精准扶贫

精准扶贫丛书
种养致富系列

花卉苗圃经营
致富图解

唐庆 陈尔 林茂 主编

U0396886

广西科学技术出版社

图书在版编目（ＣＩＰ）数据

花卉苗圃经营致富图解 / 唐庆，陈尔，林茂主编. —南宁：广西科学技术出版社，2017.12（2019.9重印）

ISBN 978-7-5551-0945-7

Ⅰ．①花… Ⅱ．①唐… ②陈… ③林… Ⅲ. ①花卉－经营管理－图解②苗圃－经营管理－图解　Ⅳ.①S68-64②S723.1-64

中国版本图书馆CIP数据核字（2018）第004722号

HUAHUI MIAOPU JINGYING ZHIFU TUJIE

花卉苗圃经营致富图解

唐 庆　陈 尔　林 茂　主编

责任编辑：饶 江　　　　　　　　封面设计：韦娇林
责任印制：韦文印　　　　　　　　责任校对：黎 桦

出 版 人：卢培钊
出版发行：广西科学技术出版社　　　社　　址：广西南宁市东葛路66号
邮政编码：530023　　　　　　　　网　　址：http://www.gxkjs.com

经　　销：全国各地新华书店
印　　刷：广西壮族自治区地质印刷厂
地　　址：广西南宁市建政东路88号　　邮政编码：530023
开　　本：787 mm×1092 mm　1/16
印　　张：5.5　　　　　　　　　　字　　数：60千字
版　　次：2017年12月第1版　　　　印　　次：2019年9月第4次印刷
书　　号：ISBN 978-7-5551-0945-7
定　　价：25.00元

编委会

主　　编：唐　庆　陈　尔　林　茂
副 主 编：李进华　叶明琴
编写人员：（以姓氏笔画为序）
　　　　　韦　维　叶明琴　闫海霞
　　　　　杜　铃　李进华　杨舒婷
　　　　　吴国文　陈　尔　林　茂
　　　　　唐　庆　谢劲松

前 言

　　花卉业是我国新兴的"朝阳产业""黄金产业"，发展速度既快又稳，具有高投入、高产出、高效益的特点，属于劳动密集型产业。大力发展花卉业是我国农业种植结构调整、打造现代农业的战略选择，对于促进城乡协调发展、实施乡村振兴战略、助推精准扶贫、带动农民增收致富、建设生态美好家园具有重要的战略意义。党中央、国务院及各地方政府高度重视花卉业的发展。2017年党的十九大报告提出"加快生态文明体制改革，建设美丽中国"，这给我国花卉业的发展指明了方向，花卉业将面临前所未有的发展机遇与挑战。近年来，广西壮族自治区党委、政府高度重视花卉产业的发展，已将花卉产业列为广西重点发展的五大林业支柱优势产业之一。

　　《辞海》称花卉为"可供观赏的花草"。花卉有狭义和广义两种含义，狭义的花卉是指具有观赏价值的草本植物；广义的花卉是指具有一定观赏价值，并按照一定的技艺进行栽培管理和养护的植物。花卉具有生态修复、休闲旅游、文化展示、科普教育、绿化美化等功能，随着城乡经济的快速发展，花卉消费已逐渐成为个人消费和家庭消费的新风尚，因此，花卉业市场潜力巨大。广西地处热带亚热带地区，降水量丰沛，光照充足，花卉资源丰富，素有"植物王国""花卉宝库"之美称，优越的气候条件和丰富的花卉资源为广西花卉业的发展提供了良好的基础。

　　本书汇集了广西林业科学研究院多年的花卉苗木生产经验和花卉科研成果，并针对花卉苗圃经营提出了一套完整的技术措施。全书共六章，包括绪论、花卉苗圃的营建、花卉繁殖技术、花卉整形修剪技术、花卉苗木培育技术及常见花卉培育关键技术。本书采用图文结合的形式，简单易懂，可操作性强，对农村贫困户经营花卉苗圃有一定的指导作用和参考价值。

　　此外，本书在编写过程中查阅了大量文献，参考并引用了业内专家学者的部分研究成果，在此向他们表示衷心的感谢！

　　由于时间紧促，编者编写水平有限，书中难免存在疏漏和不足之处，恳请广大读者批评指正，以便修改完善。

编者
2017年12月

目 录

绪 论

一、广西花卉产业发展优势

（一）气候条件优越，适宜发展地域特色花卉

广西气候温暖，尤其是北回归线以南的桂南地区，许多花卉品种只需露地栽培或利用简易的塑料大棚即可生产，优越的自然条件使花卉的培育周期缩短，培育成本降低，市场竞争力增强。

（二）花卉资源丰富，其中野生花卉资源极具开发潜力

广西素有"植物王国""花卉宝库"之称，经过科技工作者的不断努力，许多乡土珍稀野生花卉被成功驯化繁育，并发展成为广西独具优势的花卉品种，如桂花、金花茶、茉莉、大花紫薇、杜鹃、扁桃、朱槿、木棉、秋枫、樟树、仪花、罗汉松及珍稀兰花等。

桂花

1

金花茶

大花紫薇

朱槿

木棉

仪花

（三）区域优势明显，交通便利

广西地处我国西南部，与东盟国家接壤。中国–东盟自由贸易区桥头堡和枢纽的独特区位优势让广西花卉产业面临千载难逢的发展机遇。

二、广西花卉产业特征分析

（一）花卉产业发展初具规模

截至2016年底，广西共有花卉生产企业2 000多家，种植面积达100多万亩，占全国种植总面积的3.6%；总产值超过100亿元，占全国总产值的8.3%。

（二）区域布局已成雏形

目前，具有广西特色的"八大花卉特色园区"已呈现雏形：兰花产业化生产园区、桂花产业化生产园区、茉莉花产业化生产园区、罗汉松产业化生产园区、金花茶产业化生产园区、宝巾花和茶花产业化生产园区、乡土珍优苗木生产园区、特色绿化苗木生产园区。

（三）产品结构日趋多样

经过多年发展，广西花卉产品结构得到进一步优化，园林绿化苗木作为广西第一大花卉种类的地位进一步巩固，面积和产值持续翻番；工业用花卉份额进一步加大；具有亚热带特色的盆栽植物及鲜切花的种植面积和销售额迅速增长。

（四）基地带动效应初步显现

近年来，广西加快了以南宁为中心，桂林、柳州、梧州、北海、玉林等中心城市为重点的花卉生产示范基地建设，并依托国有林场的优势，重点推进了广西花卉产业示范基地、台湾花卉产业园、维都林场珍贵树种花卉基地、雅长保护区铁皮石斛产业示范基地、河池市珍优苗木花卉科研科普示范基地、柳州青茅花卉基地等项目建设，以大项目带动大投资、大发展，产业的集聚效应日趋显著。

（五）投资规模不断扩大

随着广西新型城镇化、农业现代化进程的不断加快，越来越多的企业家看到花卉业的发展潜力，更多的民营资本投入到花卉苗木项目，民营股份制企业和个人的绿化苗木种植规模不断扩大。

（六）销售渠道多样化趋势明显

随着信息技术在花卉生产、管理和销售等方面的广泛应用，广西花卉产业通过信息化平台初步实现了花卉产业链的高效管理，花卉销售形式也由过去较传统和单一的店面销售，逐步向网络电子商务销售的形式转变。此外，广西花卉销售业开始将文化元素融入花市销售，将花卉文化与旅游相结合，通过花卉带动旅游产业的发展，同时以旅游来促进花卉消费。

三、广西花卉生产前景分析

广西都市型现代农业发展和新农村建设都极大地推进了花卉产业的发展，生态环境保护和城乡绿化美化都离不开花卉，城乡居民消费升级和城市建设发展也离不开花卉。可见，广西花卉业发展前景广阔，它既可以促进农民增收，又可以服务都市发展，服务文化旅游。同时，生产和发展具有广西本地特色的花卉品种，打造自己的特色品牌，还能推动广西花卉产业朝更快更好的方向发展。

花卉苗圃的营建

一、苗圃地的选择

（一）苗圃规模的确定

按照园林苗圃面积的大小，可划分为大型苗圃、中型苗圃和小型苗圃。

大型苗圃：大型苗圃面积为20公顷以上。

中型苗圃：中型苗圃面积为3~20公顷。

小型苗圃：小型苗圃面积为3公顷以下。

（二）苗圃地的选择标准

一个有生产效益的苗圃必须按照自然规律，尽可能在有利的土壤与气候条件下进行生产。

1. 位置及经营条件

◆ 交通方便；

◆ 抚育空间足够；

◆ 靠近村镇等人力、财力、物力集中处；

◆ 尽量靠近技术单位；

◆ 尽量远离污染源。

2. 自然条件

◆ 地形

坡度：应选择排水良好、地势平坦或坡度为3°~5°的缓坡地。

坡向：南方温暖多雨，常以东南、东北坡向为佳，南坡和西南坡幼苗易受灼伤。在苗圃内有不同坡向时，按树种习性合理安排。北坡安排耐寒喜阴树种，南坡安排耐旱喜光树种。

◆ 土壤

土壤养分：尽量选用砾石少、土层深厚、土壤养分较高的土地做苗圃地。

土壤质地：应以肥沃疏松、土层深厚、土壤孔隙状况良好的沙壤土、壤土或轻黏壤土为宜。

土壤酸碱度：一般要求苗圃土壤的pH值在6.0～7.5之间。

◆ 水源

苗圃地应尽量选择靠近河流、湖泊、池塘等水源地，如无上述水源地，应具备打井取水的条件。水源的水量应尽量满足旱季育苗所需的灌溉用水。

◆ 气象

苗圃应选择气象条件比较稳定、很少发生灾害性天气的地区。

◆ 病虫害和植被情况

在选择苗圃用地时，需要进行专门的病虫害调查。了解圃地及周边的植物感染病害和发生虫害情况，如果圃地周边环境曾发生严重病虫害，并且未能得到有效治理，则不宜在该地建立苗圃，尤其对苗木有严重危害的病虫害须格外警惕。另外，苗圃用地是否生长着某些难以根除的灌木杂草，也是需要考虑的问题之一。如果不能有效控制灌木杂草，将对育苗工作产生不利影响。

二、苗圃区域的规划

（一）生产用地的区划

1. 播种繁殖区

播种繁殖区为播种育苗而设置的生产区。播种育苗的技术要求较高，并需要精细管理，投入人力较多，且幼苗对不良环境条件反应敏感，所以应选择生产用地中自然条件和经营条件最好的区域作为播种繁殖区。

2. 营养繁殖区

营养繁殖区为培育扦插、嫁接、压条、分株等营养繁殖苗而设置的生产区。营养繁殖的技术要求比较高，并需要精细管理，一般要求选择条件较好的地段作为营养繁殖区。

3. 苗木移植区

苗木移植区为培育移植苗而设置的生产区。依培育规格要求和苗木生长速度的不同，往往每隔2～3年还要再移植几次，逐渐扩大株距、行距，增加营养面积。苗木移植区要求面积较大，地块整齐，土壤条件中等。由于不同苗木种类具有不同的生态习性，对一些喜湿润土壤的苗木，可设在地势低且潮湿的地段，而不耐水渍的苗木则应设在地势较高且干燥、土壤深厚的地段。进行裸根移植的苗木，可以选择土质疏松的地段栽植，而需要带土球移植的苗木，则不能移植在沙性土质的地段。

4. 大苗培育区

大苗培育区为培育根系发达、有一定树形、苗龄较大、直接出圃用于绿化的大苗而设置的生产区。可设在水肥条件中等、土层深厚的地段。为便于苗木出圃，位置应选在便于运输的地段。

5. 设施育苗区

设施育苗区为利用温室、荫棚等设施进行育苗而设置的生产区。设施育苗区应设在管理区附近，要求地形平坦，用水、用电方便。

（二）辅助用地的区划

1. 道路系统

◆ 主干道：是纵贯苗圃中央的主要运输道路，应与大门、仓库、公路相连接。路面宽一般为6～8米。

◆ 副道：又称支道，起到辅助主干道的作用，通常设置在主干道两侧，

道路系统

或与主干道垂直。路面宽一般为3.5～4米。

◆ 作业道：为了便于通行，设在生产区与小区之间。路面宽一般为2米。

◆ 环路：是环绕苗圃周围的道路，供作业机具、车辆回转和人员通行。路面宽一般为4～6米。

2. 灌溉系统

◆ 水源：分为地表水（天然水）和地下水两类。

支道

◆ 提水设备：提取地表水或地下水，一般均使用水泵。

◆ 引水设施：分为渠道引水和管道引水两种。

渠道引水：一般分为一级渠道（主渠）、二级渠道（支渠）、三级渠道（毛渠）。

管道引水：是将水源通过地下管道引入苗圃作业区进行灌溉的一种形式，通过管道引水可实施喷灌、滴灌等节水灌溉技术。

灌溉系统

喷灌是一种通过地上架设喷灌喷头将水喷射到空中，形成水滴降落地面的灌溉技术。滴灌是一种通过铺设于地面的滴灌管道系统把水输送到苗木根系生长范围的地面，从滴灌滴头将水滴或细小水流缓慢均匀地施于地面、渗入植物根系的灌溉技术。

3. 排水系统

为了排除雨季圃内的积水和灌溉后的尾水，苗圃应设排水沟。排水沟可设置在苗圃周围及各生产区周边。排水沟的规格应因地制宜，宽度和深度以能保证迅速排除雨季积水和占圃地少为原则。

排水沟

4. 生产用房

生产用房是存放生产物资、工具的场所，在选址和设计上尽量满足采光、通风、排水、朝向、防雨、避雷等规范要求。按照功能需要布置，生产用房可划分为现场管理办公室、工具房、仓库等。

5. 基质堆放区

基质堆放区是生产、存放容器育苗所需基质材料的场所，在选址和设计上注重采光、通风、排水、朝向等因素，同时需购置相应的基质粉碎机、基质综合处理装置、基质灌装成型机等加工设备。

（三）苗圃地的准备

苗圃地的准备主要有整地、施肥、土壤消毒、作床和苗圃档案管理等。

1. 整地

整地是育苗的重要环节，因此要做到细致、及时、平整、全面翻耕，均匀碎土、清除草根石块，并达到一定深度。

整地最好是逐年加深耕作层，每年加深5厘米左右。为提高整地质量，整地必须适时，当土壤干湿适中，含水量为饱和含水量的50%～60%时，其

一般播种区、幼苗区的整地深度为20～25厘米。

20～25厘米

嫁接苗和移植苗整地深度为30～35厘米。

30～35厘米

30～40厘米

大苗培育整地深度为30～40厘米。

凝聚性、可塑性、黏着性最小，整地的质量最好，阻力小，效率高；过干不易翻动，过湿耕后易结成土块。

2. 施肥

2.1 肥料

◆ 无机肥

凡是用化学方法合成的或者是开采的矿石经加工精制而成的肥料，称无机肥，又称化学肥料，简称化肥。无机肥的特点：（1）养分单纯；（2）养分含量高；（3）肥效快而短；（4）体积小，方便运输；（5）长期不合理使用会造成土壤板结。

常见的无机肥种类有氮肥、磷肥、钾肥、复合肥、微量元素肥等。

◆ 有机肥

有机肥又称农家肥，是含有大量有机质的肥料，也是农村中就地取材、就地积存的一切自然肥料。有机肥的特点：（1）种类多、数量大、来源广、成本低；（2）养分全面，肥效稳而长，含有大量有机质和腐殖质；（3）养分含量低，用量大，费工、费时且运输、贮存不便；（4）有机肥料中的腐殖质可以促进土粒形成团聚体，增加土壤空隙，同时有利于养分的转化。

常见的有机肥种类有人（畜）粪尿、厩肥、堆肥、饼肥、土杂肥等。

2.2 施肥方式

◆ 基肥

基肥一般含有苗木所需的多种营养元素，能满足植物在整个生长发育期的养分需求，同时还能改良土壤的理化性状。基肥宜用迟效性的有机肥料，常见的施用方式有撒施、条施、穴施、环状沟施、放射状沟施、分层施肥、混合施肥等。

◆ 追肥

追肥能满足植物某一段时期的需肥要求，宜用速效性化肥或完全腐熟的有机肥料。常见的施用方式有根施法如撒施、条施、穴施、环状沟施、放射状沟施及根外追肥等。

◆ 种肥

种肥能满足植物幼苗阶段需肥临界期对养分的需求，为种子发芽和幼苗成长创造良好的土壤环境。种肥宜用速效性化肥或腐熟良好的优质有机肥料，常见的施用方式有浸种、拌种、蘸秧根等。

3. 土壤消毒

根据不同苗圃、不同植物及其他情况，选用不同的药剂进行土壤消毒。常用的药剂及施用方式如下。

◆ 硫酸亚铁（黑矾）。在播种前5～7天，先将硫酸亚铁捣碎，均匀撒在播种地上，或用2%～8%的硫酸亚铁水溶液浇洒，用量为15克每平方米。

◆ 五氯硝基苯混合剂。即75%五氯硝基苯与25%代森锌（或其他杀菌剂）混合而成，与细土混合均匀后制成药土，在播种前均匀地撒在播种床上，用量为4～6克每平方米。

◆ 福尔马林（甲醛）、三氯硝基甲烷（氯化苦）、甲基溴化物、硫黄等。用量为1%浓度的水溶液。消毒时将药物喷洒在土壤表面，并与表土拌匀，用塑料薄膜密封覆盖，熏蒸24～30小时后撤去塑料薄膜，经15～20天后方可播种。

◆ 5%西维因或5%辛硫磷。拌土或拌肥杀毒和杀土壤或肥料中的害虫，用量为1.5～4.0克每平方米。

4. 作床

4.1 苗床育苗

◆ 高床：床面高于步道15～25厘米，床面宽90～100厘米，步道宽45～50厘米。苗床的长度依地形而定，在方便灌溉和土壤管理的前提下，苗床越长土地利用率越高。一般地面灌溉，苗床长度多为10米。如用喷灌和其他生产环节机械化时，苗床长度可达数十米至数百米。

高床育苗的优点：排水良好，增加肥土层厚度，通透性较好，土温较高，便于侧方灌溉，床面不易板结，步道可用于灌溉和排水。缺点：作床和管理费工，灌溉费水。主要适用苗木：对土壤水分较敏感、既怕干旱又怕涝、要求排水良好的苗木。

◆ 低床：床面高度一般低于步道15～20厘米，步道宽40～50厘米，床面宽1～1.5米，苗床长度的确定原则同高床。低床的优点：做床比高床省工，灌溉省水。缺点：灌溉后床面易板结，妨碍土壤的通透性，不利于排水，起苗比高床费工。适用苗木：对土壤水分要求不高或对稍有积水无妨碍的苗木。

4.2 大田育苗

◆ 高垄：垄底宽60～80厘米。垄的宽度对垄内土壤水分影响大，在干旱地区宜用宽垄，在湿润地区宜用窄垄。垄高为16～18厘米。垄太矮不利于灌溉。

除具备高床的优点外，苗木行距大，通风透光好，苗木根系较发达，质量好，便于实行机械和牲畜作业，起苗省工。但单位面积产苗量比高床稍低。适用苗木：与高床相同，对速生苗木尤为适宜。

◆ 平作：即在育苗前，将苗圃地整平后直接进行播种和移植育苗。平作可用多行式带状配置，提高土地利用率和单位面积苗木产量，同时也便于机械化作业，适用苗木与低床相同。

◆ 带状配置：是由几条苗行组成一带。一般2～6行组成一带，即2行式、3行式、4行式，4行2组式和6行3组式的带。带宽取决于抚育时使用的工具、机器种类和灌溉方法等。机械化育苗：要保证所使用的机械能跨过1条带或2条带。带间距离：即相邻两带（边到边）之间的距离，由使用的机械和牲畜的种类等条件所决定，以保证机械能自由通行为原则。为避免损伤苗木，机械轮子与苗木每侧要有8～10厘米的保护带。一般用畜力工具或机引工具，带间距离为60～70厘米。

5. 苗圃档案管理

5.1 苗圃基本情况档案

主要内容包括苗圃的位置、面积、经营条件、自然条件、地形图、土壤分布图、区划图和固定资产、仪器设备、机具、车辆、生产工具以及人员、组织机构等情况档案。

5.2 苗圃土地利用档案

以作业区为单位，主要记载各作业区的面积、苗木种类、育苗方法、整地、改良土壤、灌溉、施肥、除草、病虫害防治及苗木生长质量等基本情况。

5.3 苗圃作业档案

以日为单位，主要记载每日进行的各项生产活动，如劳力、机械工具、能源、肥料、农药等使用情况。

5.4 育苗技术措施档案

以树种为单位，主要记载各种苗木从种子、插条、接穗等繁殖材料的处理开始，直到起苗、假植、贮藏、包装、出圃等育苗技术操作的全过程。

5.5 苗木生长发育调查档案

以年为单位，定期采用随机抽样法进行调查，主要记载苗木生长发育情况。

5.6 气象观测档案

以日为单位，主要记载苗圃所在地每日的日照长度、温度、降水量、风向、风力等气象情况。有条件的苗圃可自设气象观测站，也可抄录当地气象台观测的资料。

5.7 科学试验档案

以试验项目为单位，主要记载试验目的、试验设计、试验方法、试验结果、结果分析、年度总结以及项目完成的总结报告等。

5.8 苗木销售档案

主要记载各年度销售苗木的种类、规格、数量、价格、日期、购苗单位及用途等情况。

花卉繁殖技术

一、有性繁殖技术

（一）果实的采集

种子成熟时，适时采种。根据果实外部特征，判断种子是否成熟，如果皮由绿色变为红色、黑色或黄色等，果皮软化，果皮干燥或果壳微裂等，即可进行采种。

1. 母树选择

1.1 选择标准

选择生长快、健壮、无病虫害、对灾害抵抗力强、无机械损伤的壮龄植株。

1.2 采集方式

可人工采集，也可机械采集，主要包括以下几种方式：

◆ 树上采种；

◆ 地面收集；

◆ 伐倒后采种；

◆ 水上收集。

（二）种子的调制

1. 脱粒

1.1 干燥法

通过日光暴晒、通风和摊晾等方法使果皮开裂，或干燥后敲打使种子脱粒。

摊晾种子

1.2 水洗法

通过软化果皮、弄碎果肉，最后用水洗去皮和去果肉，得到净种。

水洗去果肉

2. 净种

2.1 风选法

对于中小粒的种子，利用风车、簸箕等工具，将重量不同的种子分开，即可得到饱满的种子。

2.2 水选法

利用饱满种子和夹杂物比重的不同，将种子浸入水中，稍加搅拌后，夹杂物、空粒等上浮，得到净种。

2.3 筛选法

根据种子和夹杂物直径的不同，用不同孔径的筛子筛选，将种子与夹杂物分开，得到净种。

3. 晾晒

种子入库贮藏前，通过晾晒或者机器设备等将种子含水量降低到安全含水量，以便贮藏。

（三）贮藏

1. 干燥法

种子经过充分干燥后，装入袋、桶、箱等容器中，置于通风、干燥、阴凉处贮藏。

布袋干藏种子

2. 低温法

将充分干燥的种子，置放于0~5℃的环境下贮藏。低温贮藏一般在专门的种子贮藏室或种子库内进行。

冰箱冷藏种子

3. 湿藏法

将含水量高的种子（如银杏、女贞、樟树等种子）放在适宜低温、一定湿度且通风良好的环境中贮藏。

（四）播种前的预处理

1. 消毒

1.1 物理方法

利用辐射、热水烫种或干热处理等物理方法，去除种子表面和潜伏在种子内部的病原菌。

1.2 化学方法

利用福尔马林、高锰酸钾、硫酸铜、多菌灵、敌克松等化学药剂浸种或拌种，去除种子表面的病菌。

化学药剂浸种消毒

2. 催芽

2.1 浸种催芽

将种子泡入水中，使种子含水量提高，促进种子发芽。注意浸种时间不宜太长，且要经常换水。

温水浸种催芽

2.2 沙藏催芽

沙藏催芽，即先铺上一层较厚的河沙，然后覆盖一层种子，再铺上一层河沙。注意保持河沙湿润。

铺河沙

摆放种子

（五）播种

1. 播种期

播种期是指春、夏、秋、冬四季中适宜播种的时间。播种的具体时间根据当地的气候条件和种子的生物学特性来确定，只要适合播种条件，就可以播种。

2. 整地

整地是指在作床或作垄前进行平整圃地、碎土和保墒等工作。要求整地要仔细，使圃地平坦、无土块和石块。

3. 基质消毒

基质消毒的目的是消灭基质中残存的病原菌和地下害虫，可采用蒸汽消毒、化学药剂消毒和太阳能消毒等方法。

3.1 蒸汽消毒

蒸汽消毒是将基质装入容器内，通入蒸汽进行密闭消毒。

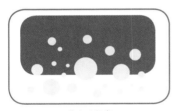

蒸气消毒

3.2 化学药剂消毒

化学药剂消毒是用甲醛、高锰酸钾、敌克松、漂白剂等化学药剂对基质进行消毒。

常用化学消毒药剂

3.3 太阳能消毒

太阳能消毒是将基质暴晒于太阳下。这是一种廉价、安全、使用简单的消毒方法。

基质暴晒

4. 播种方法

4.1 条播

条播是按照一定的行距，将种子均匀地播在播种沟中。

4.2 撒播

撒播是将种子均匀地播于苗床面或垄面上的播种方法。

4.3 点播

点播是指按照一定的株行距将种子播于圃地上。适用于颗粒较大的种子。

（六）播种后管理

1. 苗期遮阴

为避免幼苗遭日晒灼伤，同时避免雨水对基质的冲刷等，露地播种的，苗期应及时搭盖荫棚。一般用遮阴网覆盖，高度40～50厘米。

2. 水分管理

播种后浇透水，在种子萌发期间，保持土壤适度湿润。种子萌发后，根据季节和基质的干湿程度，进行合理灌溉，每次灌溉湿润深度应该达到主要吸收根系的分布深度。可用喷淋设备或人工浇灌进行。

根据季节和基质的干湿程度，进行合理灌溉

3. 施肥

在生长季节，每月施肥1～2次。幼苗期施肥以氮肥为主，速生期增加氮肥的用量和次数，同时按比例施磷钾肥。

幼苗期施肥以氮肥为主

4．中耕除草

中耕除草主要在4～9月进行，通过人工中耕或机械中耕，及时除草和松土。易板结的土壤，夏季每月需松土2次。树穴内应经常松土，保持每月2次以上。盐碱地、黏重土壤在灌水或大雨后，应及时松土，使表土细化、疏松、透气不板结，防止返盐。除草要尽早除净，可用人工除草或机械除草，也可按照相关标准正确使用除草剂除草。

5．病虫害防治

病虫害防治须遵守"预防为主，综合防治"的治理方针，主要包括生物防治、化学防治、农业防治和物理防治等。综合防治主要包含以下内容。

◆ 杜绝和铲除。防止新病原被引入无病区域，或一旦引入立即就地封锁消灭。采取措施：病虫害检疫。

◆ 免疫。采取措施：抗病育种、做好栽培防病措施、生物防治。

◆ 保护。采取措施：化学防治、做好栽培防病措施、生物防治。

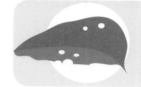

◆ 治疗。植株感病后，用内吸性化学药剂或物理方法对病株进行治疗。采取措施：化学防治、物理防治。

二、扦插繁殖技术

（一）扦插季节

1. 春季扦插

即在春季气温开始回升后、芽未萌动时进行的扦插方法。繁殖材料主要为休眠枝条和老枝条。春季扦插应用普遍，适合大多数植物。

2. 夏季扦插

即对于气温要求较高的植物宜用的扦插方法。繁殖材料为当年生的绿枝、嫩枝。

3. 秋季扦插

即在9～10月利用停止生长但未进入休眠期的枝条进行的扦插方法。繁殖材料为多年生草本植物。

4. 冬季扦插

即利用打破休眠的枝条于冬季在温室、温棚、温床进行的扦插方法。

（二）插穗选择

穗条采集后应避光保湿。选取健壮、腋芽饱满、无病虫害的枝条。插穗剪成长8～12厘米、带3～4个芽的小段，下切口斜，上切口平，上端保留1～2片叶。

下切口修剪（一）

下切口修剪（二）

上切口修剪（一）

上切口修剪（二）

1. 嫩枝扦插

嫩枝扦插又叫绿枝扦插，是用半木质化的绿色枝条作为插穗进行育苗的方法。嫩枝扦插要求有较高的空气湿度，湿度可通过喷水和遮阴来调节。

嫩枝插穗

2. 硬枝扦插

硬枝扦插是指采用完全木质化的成熟枝条作为插穗进行育苗的方法。

硬枝插穗

3. 根扦插

根扦插是指枝条扦插不易成活的植株，利用其根形成不定芽的能力，把根作为插穗进行繁殖的方法。早春或晚秋均可进行，如有温室或温床，冬季也可进行。

（三）插穗处理

插穗处理包括浸水处理、加温处理、药剂处理、机械处理等。

1. 浸水处理

休眠期扦插时，将插穗置于清水中浸泡数小时，使插穗充分吸水，可提高成活率。

2. 加温处理

人为地提高插穗下段生根部位的温度，降低发芽部位的温度。常见的有电热温床催根等。

3. 药剂处理

利用外源激素处理插穗，促进生根。常见的有ABT生根粉、吲哚乙酸（IAA）、萘乙酸（NAA）、吲哚丁酸（IBA）等。

外源激素处理插穗

4. 机械处理

扦插前对插穗进行环剥、刻伤等处理。此法不常用。

（四）扦插后的管理

1. 遮阴

扦插结束后，及时在插床上搭拱形棚，覆盖塑料薄膜，外面再覆盖遮阴网。遮阴棚搭设高度为1.2～1.5米。

2. 水分管理

根据基质湿润状况适时浇水，可通过观察塑料薄膜内壁水珠情况加以判断，当塑料薄膜内壁水珠较少至消失时，应揭开塑料薄膜淋透水。

3. 病虫害防治

病虫害防治须遵守"预防为主，综合防治"的治理方针，主要包括生物防治、化学防治、农业防治和物理防治等。综合防治主要包含以下内容。

◆ 杜绝和铲除。防止新病原被引入无病区域，或一旦引入立即就地封锁消灭。采取措施：病虫害检疫。

◆ 免疫。采取措施：抗病育种、做好栽培防病措施、生物防治。

◆ 保护。采取措施：化学防治、做好栽培防病措施、生物防治。

◆ 治疗。植株感病后，用内吸性化学药剂或物理方法对病株进行治疗。采取措施：化学防治、物理防治。

三、嫁接繁殖技术

（一）砧木的选择与培育

1. 砧木的选择

选择与接穗亲和力强的树种作为砧木，一般在同种不同品种之间或同属不同种之间进行嫁接。

2. 砧木的培育

生产上常用实生苗培育砧木，即以播种繁殖为主。此外，也可用扦插、压条等方法培育砧木。播种时间因树种而定，扦插多在春季进行，压条则可在一年四季进行。

（二）接穗的选择与贮藏

1. 接穗的选择

当年生的嫩枝或一年生、半木质化的枝条均可用作接穗，以生长健壮、长势均匀、芽眼饱满、无病虫害的枝条为最好。

当年生的接穗

2. 接穗的贮藏

宜随采随接。如果生产上需要批量嫁接，接穗必须进行保湿贮藏。接穗采下后应立即剪去全部叶片，放入水中浸泡，置于阴凉处，或假植于搭盖有遮阴网的沙床，每1～2小时表面喷雾保湿。贮藏时间以不超过2天为宜。

接穗的贮藏

（三）嫁接

1. 嫁接时期

一年四季均可进行嫁接，具体嫁接时期因树种生长特性而定，但以春季嫁接成活率高，因为植物经过冬季休眠后，大多在春季恢复萌动。

2. 嫁接工具

常用的嫁接工具主要有枝剪、嫁接刀、小锯子、磨刀石、塑料包扎带（尺寸要求：长30～50厘米，宽4～5厘米）。

常用的嫁接工具

3. 嫁接方法

嫁接方法有很多种，根据接穗选取部位可分为枝接、芽接和根接。由于根接法在花木生产中应用较少，这里仅对最常用的、易操作的枝接和芽接做详细介绍。

3.1 枝接

把含1个或数个芽（常用2～3个芽）的短小枝条接到砧木上的方法叫做枝接。枝接形式多样，常用的有劈接、切接、皮接、靠接。

◆ 劈接

劈接是适用范围最广的一种枝接法。定好嫁接高度后，用枝剪或小锯子横断砧木，削平切面，用嫁接刀从砧木切面中间垂直向下劈，深2~3厘米。

修剪砧木

①砧木切面　②③劈切砧木切面　④劈切后的砧木

将接穗削成2个对称的楔形，楔面长度尽量接近砧木下切口的深度。

接穗切口

接穗削好后，用嫁接刀轻轻撬开砧木切面的劈接口，把接穗插入劈接口，并使接穗靠外侧一面的形成层与砧木形成层紧贴，接穗不宜插入过深，以高出砧木切面2～3毫米为宜。

接穗嫁接

插入接穗后，用塑料包扎带自下往上绑扎接口，绑扎过程中应避免触碰接穗，以免接穗和砧木的形成层错开，不利于嫁接成活。

劈接绑扎

◆ 切接

切接也是枝接中较常用的一种方法。定好嫁接高度后，用枝剪或小锯子横断砧木，削平切面，选择切面平滑的一侧，在靠近木质部边缘处用嫁接刀向下垂直下切，深2～3厘米。接穗削成2个长度不一的楔面，将接穗下端没有芽的一面向内削一刀，深达木质部1/3处，楔面长2～3厘米，在长楔面的背面削一个短楔面，长约1厘米。

接穗长楔面　　　　　　　　　　　　　　接穗短楔面

用嫁接刀轻轻撬开砧木切面的切口，把接穗插入切口，长楔面朝内，短楔面朝外，使长楔面两侧形成层与砧木切口两边的形成层对准、紧贴。如果接穗较细，也要保证长楔面一侧的形成层对准、紧贴。

接穗切口侧面

切接砧木切面

接穗嫁接

　　最后，用塑料包扎带自下往上绑扎接口，绑扎过程应避免触碰接穗，以免接穗和砧木的形成层错开，不利于嫁接成活。

切接绑扎

◆ 皮接

　　皮接易掌握，嫁接后成活率最高，适用于径较粗且皮层易剥离的砧木。定好嫁接高度后，用小锯子横断砧木，削平切面，在切面平滑处，将砧木皮层自上而下纵切一刀，纵深达木质部，长约2厘米。接穗削成2个长度不一的

楔面，长楔面削成3～4厘米，厚0.3～0.5厘米，再在长楔面背面的末端削成
45°的短楔面。

接穗长楔面　　　　　　　　　　　　　　接穗切口侧面

嫁接时，先用嫁接刀刀尖轻轻挑开砧木切口皮层，把接穗插入切口，长
楔面向内，紧贴砧木木质部，短楔面向外，对准切口正中。接穗楔面要露白
2～3毫米。

①②挑开砧木皮层　　　③皮接口　　　④接穗嫁接

最后用塑料包扎带自下往上绑扎接口。

皮接绑扎

◆ 靠接

靠接操作简单，多用于嫁接不易成活的树种，一般要求砧木与接穗的粗度要接近，适宜在盆栽苗之间进行。确定靠接高度后，分别在砧木和接穗的相邻面削成3~5厘米的楔面，深度直达形成层，将两者楔面形成层紧靠在一起，并用塑料包扎带绑紧。接穗在靠接前无需剪下，待成活后再脱离母树。

接穗切口   砧木切口

靠接绑扎

3.2 芽接

以芽作为接穗的嫁接方法即为芽接，一般为1个芽。芽接形式多样，常用的有"T"形芽接、嵌芽接。

◆ "T"形芽接

芽接常用1～2年生实生苗为砧木，要求皮层较厚实且易剥离。定好嫁接高度后，于砧木光滑且无分枝处横切一刀，深度以刚切断皮层为宜，长约1厘米，再在横切口中间向下垂直切一刀，长1～1.5厘米，即成"T"形切口。在

砧木"T"形切口

接穗外切面

接穗侧切面

接穗内切面

接穗近芽处的背面自上往下斜切，楔面长1～1.5厘米，深达木质部，再在楔面两侧各切一刀，将接穗芽正面下方切成三角形。嫁接时，用嫁接刀轻轻挑开砧木切口，把接穗插入切口，使两者切面紧贴对齐，最后用塑料包扎带绑扎，注意芽上方处务必包扎严实，以免嫁接口有水分渗入。

接穗嫁接

芽接绑扎

◆ 嵌芽接

定好嫁接高度后，于砧木光滑处自上而下呈30°斜切，深达木质部。在接穗近芽处的背面自上往下斜切，楔面长约2厘米，深达木质部，再在楔面两侧各切一刀，将接穗芽正面下方切成三角形。嫁接时，用嫁接刀轻轻挑开砧木切口，把接穗插入切口，使两者切面紧贴对齐，最后用塑料包扎带绑扎，注意芽上方处务必包扎严实，以免嫁接口有水分渗入。

砧木切口

接穗正切面

接穗内切面

接穗嫁接

嵌芽绑扎

（四）嫁接后的管理

1．检查成活率

枝接法一般在嫁接20天后开始检查成活情况。透过塑料包扎带，肉眼可观察接穗是否有新芽萌动，由此判断嫁接是否成活。

芽接法一般在嫁接15天后即可检查成活情况。检查时，用手轻触接穗叶柄，如果叶柄迅速脱落，则表明嫁接成活，否则为失败。

2. 抹芽和除萌

嫁接后一周开始抹芽和除萌。应及时抹掉和剪除砧木嫁接枝条上的新芽和萌条，以免新芽和萌条争抢接穗养分，影响嫁接成活率。

3. 剪砧

主要是枝接中的靠接和芽接需要剪砧。嫁接成活后，及时将接口上方的砧木剪去，以利于接穗萌芽生长。

4. 解除绑缚带

嫁接成活后，待接穗新芽正常生长，即可解除绑缚带。解除绑缚带应适时，不宜过早或过晚，解除过早不利于嫁接口处的愈合组织生长，解除过晚则会导致嫁接口变成"细脖子"。解除绑缚带时，可用嫁接刀反向轻轻挑开绑口，然后用手揭开塑料包扎带。

5. 其他管理

为促进接穗新芽快速生长，嫁接成活后，要加强对砧木的水肥管理，同时也要对病虫害进行预防和治理。

四、压条繁殖技术

压条繁殖技术是指将母树一年生或二年生的枝条直接埋入土内或于空中包裹湿润物，待枝条生成不定根后，将其切离母树，成为独立新植株的一种繁殖方法，适用于扦插难生根的树种。此法优点是简单易行、管理粗放、成活率高，缺点是繁殖系数低、生根耗时。压条繁殖分低压法和高压法两种，普通压条法是低压法最常用的一种方法。

（一）压条时期

压条时期按母树的不同生长期来划分，可分为休眠期压条和生长期压条。

1. 休眠期压条

休眠期压条是指在母树秋季落叶后或早春萌芽前的压条，选用一年生或二年生枝条。多采用低压法。

2. 生长期压条

生长期压条是指在母树生长期进行压条，选用当年生的枝条。多采用高压法。

（二）压条前枝条处理

为促进枝条不定根的快速生成，缩短培育时间，在压条前可采用机械损伤的方法处理枝条。常用方法有切割、环剥、扭裂等。

环剥、扭裂

（三）压条方法

1. 普通压条法

此法要求树体枝条长，有一定韧性，易于弯曲。多在秋季落叶后或早春萌芽前进行。先在地面开挖宽约10厘米，深约15厘米的条状沟，然后将枝条做机械损伤后埋入土内，顶梢露出土面。待被埋部分生根后，即可将其切离母树。

凌霄普通压条繁殖

2. 高空压条法

此法多用于树体较高且枝条较硬的树种。一般在母树生长季进行。选择当年生的成熟枝条，要求直立、健壮，在近节眼部位先进行环剥或切割，然后把湿润基质（常用黄泥浆、苔藓）沿损伤部位均匀涂抹，厚约1厘米，最后用塑料薄膜包扎两头。后期注意保持基质湿润，待生根后即可将其切离母树。

环割母树

剥去皮层

剥去皮层后的母树

基质准备

绑扎

（四）压条后的管理

1. 水肥管理

压条后，要注意保持基质的湿度，湿度尽量保持在70%～80%之间，采用低压法时，在干旱季节应多浇水，雨季则应及时排涝；采用高压法时，因其基质包裹在塑料薄膜内，不易观察，应每隔3天解开包扎口进行检查，并适时补充水分。此外，为提高压条的成活率，对母树应适时追肥，以保证对压条的养分供给。

2. 病虫害防治

整个生长期应加强病虫害的防治，重在预防，一旦发生病虫为害，应把握病虫害发生初期的最佳治理时机。

五、分株繁殖技术

分株繁殖是指人为地将母株上分生出来的根蘖或茎蘖分割下来，使其脱离母株而独立成新植株的一种繁殖方法。适用于萌蘖性很强的树种，如球根花卉、宿根花卉、兰花类等植物常用此法繁殖。

（一）分株时期

分株时期除应考虑植株生长特性外，还应结合苗木生产计划，有计划地分批次开展，一般在春、夏、秋季进行。

（二）分株方法

在母株近根蘖或茎蘖处，借助工具或徒手将新分生出来的完整植株剥离母株，并另行栽种。

分株前的母株

徒手分株

剥离母株的新植株

分株后上盆

（三）分株后的管理

1. 水肥管理

从母株脱离后的植株在移栽成活后，应根据长势适时施肥，可采用叶面施肥或根外追肥的方法。

2. 病虫害防治

整个生长期应加强病虫害的防治，重在预防，一旦发生病虫为害，应把握病虫害发生初期的最佳治理时机。

花卉整形修剪技术

一、整形与修剪

（一）整形修剪的作用

调节植株的生长发育和平衡株势，减少病虫害，促使植株健康生长，有利于塑造优美姿态及艺术造型、提高植株移栽成活率、延长植株寿命和观赏时间。

（二）整形修剪的依据

整形修剪应以植株功能、应用目的、品种特性、自然条件及生长势、栽培环境、修剪反应为依据，同时还要考虑植株年龄、植株态势、结果枝量和花量等。

（三）整形修剪的程序

首先要确定修剪的植株种类，明确其功能和造型要求。其次要观察植株的株型是否平衡，判断骨干枝、大枝、小枝是否分布合理，花枝是否过密，株形是否凌乱。再次进行具体的修剪操作，即对几何形体或植株进行雕塑，先定尺寸和形状后再修剪。最后检查修剪有无遗漏之处，伤口是否平整，如有不足之处则要及时修整。

二、整形修剪的时期划分与方法

（一）整形修剪时期的划分

整形修剪时期的划分因品种和栽培目的不同而异，根据不同花卉种类的生物学特性及栽培目的，可分为休眠期修剪和生长期修剪，也称为冬季修剪和夏季修剪。休眠期修剪主要是疏枝、短截等，生长期修剪主要是摘心、摘叶、摘花、摘果、抹芽等。

1. 休眠期修剪

休眠期修剪多在冬季植株休眠时或早春树液刚开始流动、芽体即将萌发时进行。实际过程中因各地气候而异，一般在12月至翌年2月，南方冬季温暖地区的休眠期修剪可在12月到翌年3月进行，过早或过晚修剪都会损失较多的养分。

不同类型花木，修剪时间应根据其习性、耐寒程度和修剪目的来决定。多年生木本花卉在休眠期重剪可促使萌发新梢增加开花；春季开花的品种在冬季及早春发芽前均不宜修剪，宜在花期后修剪。

2. 生长期修剪

生长期修剪是在植株萌芽后至新梢或副梢停止生长前进行，一般在4～10月，以剪梢、摘心、抹芽和剪除枯枝、病枝、徒长枝等为主，具体可根据植株长势和栽培目的适时进行。如藤本花卉只要把病虫枝、密生枝、过老枝等剪除，保持通风透光即可；一年内连续多次开花的花卉在生长期新梢抽生后，不可短剪，应在花谢后剪去败花，以促使枝条下部的腋芽萌发而形成更多的花枝。

（二）整形修剪的方法

1. 整形的主要方法

整形的形式多种多样，一般有单干式、多干式、丛生式、垂枝式。

2. 修剪的主要方法

花卉修剪的方法主要有抹芽、摘心、剪梢、短截、疏枝、拉枝和截冠等。此外，还有除萌、摘蕾、摘果、摘叶、刻伤、环剥、蟠扎等。

2.1 抹芽

抹芽是指芽萌发前，将枝条上多余的芽摘除的操作，又叫除芽。目的是为了减少无用芽对营养的消耗，使养分集中到被保留的芽上，促使植株主干挺直健壮，花朵大而艳丽，果实丰硕饱满。

2.2 摘心

摘心是指为了使枝叶生长健壮或为了促生分枝，生长季节将当年生新梢的梢头掐去或摘除的操作，又叫掐尖、打头。摘心可改变营养物质的运输方向，促进花芽分化和坐果，加速幼株冠幅的形成，有利于枝条的木质化和叶芽的形成，花卉的花期调控也可通过摘心达到。摘心应在生长季节并且植株具有一定的叶面积才能进行。

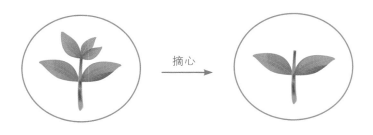

2.3 剪梢

剪梢是指在生长季节剪截未及时摘心而生长过旺，伸尾过长且有部分木质化新梢的一种技术措施。目的是为了抑制植株的顶端优势，有利养分积累，使枝条组织充实，促使侧枝萌发，增加开花枝数和朵数，或使植株矮化、株形圆满、开花整齐等。

2.4 短截

短截是指在休眠季节将一年生枝剪去一部分的操作。目的是为了刺激剪口下的侧芽萌发，使其生长旺盛，枝叶繁茂。

根据枝条剪去的多少和对剪口芽刺激作用的大小，短截可分为轻短截、中短截、重短截和极重短截。

短截可缩短枝叶与根系之间营养运输的距离，有利于养分的运输和营养物质的平衡，打破植株的顶端优势，还可控制树冠的大小和枝梢的长短。

2.5 疏枝

疏枝是指把枝条从基部剪除的操作，又称疏剪或疏删。疏枝的对象是病虫枝、伤残枝、内膛密生枝、干枯枝、并生枝、过密交叉枝、衰弱下垂枝及干扰枝等。

根据疏枝强度可分为轻疏（疏枝占全枝条的10％）、中疏（疏枝占全枝条的10％～20％）、重疏（疏枝占全枝条的20％以上）。

疏枝能使枝条分布趋向合理匀称，改善树冠内的通风与透光条件，增加同化作用产物，有利于花芽分化和开花结果。

2.6 拉枝

用绳子或金属丝把枝角拉大，把绳子或金属丝一端固定在地上或树上；或用木棍把枝角支开；或用重物把枝条下坠。拉枝的时期以春季树液流动以后为宜，此时的一年生和二年生枝条较柔软，张开角度易拉到位而不伤枝。在夏季修剪中，拉枝也是一项不可缺少的工作。

2.7 截冠

从苗木主干2.5～2.8米高处，将树冠全部剪去的方法称为截冠。截冠整形修剪，多用于无主轴、萌芽力强的落叶乔木。通过截冠后分支点的高度一致，列植、群植时可形成统一的景观效果。

花卉苗木培育技术

一、盆花培育技术

（一）盆栽容器

小苗用小盆，大苗用大盆。根据质地可分为泥盆、瓦盆、陶盆、瓷盆、紫砂盆、塑料盆等，近年来还逐渐流行混凝土容器、木质容器及铜铁金属等做成的大型容器。

（二）基质选择

一般采用多种组分的营养土配制成盆花基质，因为单一的营养土组分远远不能满足花卉生长的需要。

1. 基质配制的常用组分

1.1 沙土

沙土不含有机质，酸碱度为中性，适于扦插育苗、播种育苗及直接栽培仙人掌或多浆植物。一般黏重土可掺入河沙以改善土壤的结构。海沙做培养土时，需用淡水冲洗后方可使用。

1.2 园土

园土土质较肥沃，呈中性或偏酸性或偏碱性。干后易板结，透水性差，不宜单独使用。

1.3 腐殖土

腐殖土呈微酸性，养分含量高，土质疏松，透气性和透水性好，是传统盆栽的优良用土。

1.4 松针土

松针土土质肥沃，透气性和排水性良好，呈强酸性，适于喜强酸性的花卉。

1.5 草炭土

草炭土（泥炭土）柔软疏松，排水性和透气性好，呈弱酸性，是良好的扦插基质。

1.6 塘泥

塘泥要在晒干后粉碎使用，或与粗沙或其他轻质疏松的土壤混合使用。

1.7 草皮土

草皮土养分充足，呈弱酸性。

1.8 沼泽土

沼泽土腐殖质丰富，肥力持久，呈酸性，干燥后易板结、龟裂，应与粗沙等混合使用。

1.9 椰壳

椰壳保水性和透气性良好，有利于植物吸收养分和水分，使用方便，干净，易于运输，但质地轻，应与园土、粗沙等配合使用。

1.10 谷壳灰

谷壳灰呈中性或弱酸性，含有较高的钾营养素。掺入土中可使土壤疏松、透气。

2. 基质配制的原则

基质配制的原则是要求具有优良的物理、化学性状，有一定的透气性且土质疏松，有较强的保水和排水能力。

一年生和二年生花卉在排水良好的沙质壤土、壤土上均可生长良好。

40～50厘米土层

排水物

多年生宿根花卉，应有40～50厘米的土层，下层应铺设排水物。宿根花卉在幼苗期要求富含腐殖质的轻质壤土，而在第二年以后则以稍黏重的土壤为宜。

球根花卉一般以富含腐殖质的轻质排水良好的壤土为宜，尤以下层为排水良好的砾石土、表土为深厚的沙质壤土为宜。

温室花卉栽培要求土壤富含腐殖质、疏松柔软、透气性和排水性良好，并且能长久维持土壤的湿润状态，不易干燥。

3. 基质的消毒

化学消毒：40％福尔马林均匀浇灌，每平方米用量为500毫升，用塑料薄膜盖严，密闭1～2天，揭开塑料薄膜后翻晾7～10天方可使用；或用稀释50倍的福尔马林均匀泼洒在翻晾土面上，每平方米用量为2.5千克，用塑料薄膜盖严，密闭3～6天，揭开塑料薄膜后，再晾10～15天方可使用。

物理消毒：暴晒土壤、加热消毒、蒸汽消毒。

暴晒土壤

加热消毒

蒸汽消毒

4. 上盆、换盆、转盆与倒盆

4.1 上盆

将苗床或穴盘中繁殖的幼苗栽植到花盆中的操作过程称为上盆。先在盆底放几片碎瓦片或粗煤渣，然后放入部分基质，将植株平整地放在基质上，再填入基质，边放边轻拍盆边，最后将基质轻轻压实，基质离盆口约3厘米，压实后浇透定根水。

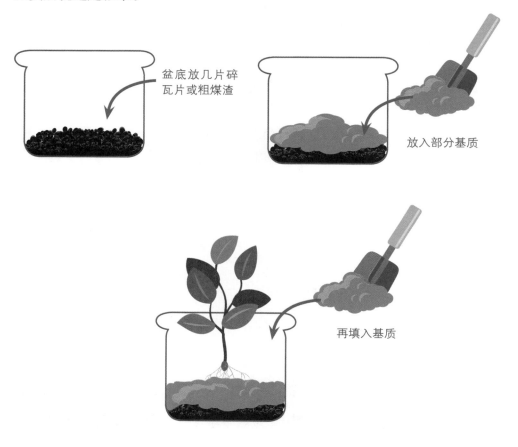

盆底放几片碎瓦片或粗煤渣

放入部分基质

再填入基质

4.2 换盆

换盆就是把盆栽的植株换到另一个盆中。换盆前1～2天停止浇水，把植株从原盆中脱出后，去掉部分原土，把已结网的须根及烂根剪掉，放入新盆或原盆中，同时添加新的基质。换盆后应充分浇水，使根与土壤紧密接触，然后放阴处缓苗2～3天，再移入合适生长处。一年生和二年生花卉在开花前要换盆2～4次，宿根花卉1年换盆1次，木本花卉2年或3年换盆1次。

4.3 转盆

植株易发生向光弯曲及向光生长。为防止偏光生长，破坏匀称圆整的植株，每隔数日要转换花盆方向。

4.4 倒盆

倒盆就是指花盆从温室的一个部位倒至另一个部位。盆花位置部位不同，光照、通风、温度等环境影响因子不同，则盆花生长各异，为使其生长均匀与一致，经过一段时间，需要进行一次倒盆。

5．栽培管理

5.1 浇水

以天然降水为主，其次是江、河、湖水。用井水浇花前，应先作软化处理，或放置24小时之后再用。

浇水时间：春天在上午10点左右；夏天早上7～8点或傍晚5～6点，高温时段不可浇水；初秋可参照夏天，中秋浇水时间早晚均可，深秋浇水宜在中午；冬天浇水宜在晴天中午或下午。

盆花浇水的方式有淋浇、喷雾和浸盆。

幼苗期需水量较少，应少量多次。萌芽和展叶发枝的营养生长期，浇水必浇透。花芽分化期要适当控水。孕蕾期要多浇水。开花期要少浇水。休眠期少浇水。盛夏季节每次浇水应有少量水从盆底渗出为宜。冬天气温低要少浇水，保持土壤半湿即可。

5.2 施肥

施肥时间在晴天的傍晚。盆栽花卉施肥在一年中可分为如下3个阶段。

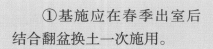
①基施应在春季出室后结合翻盆换土一次施用。

②在生长旺盛季节和花芽分化期至孕蕾阶段追肥。

③进入温室后视情况施肥。

　　基肥以充分腐熟的有机肥为主，与基质混合均匀施入，施用量不能超过盆土总量的20％。追肥通常以沤制好的饼肥、油渣为主，也可用无机肥或微量元素追肥或叶面喷施，喷施时要注意液肥的浓度。

　　植株的生育周期施肥：萌芽展叶前，可追施稀薄液态饼肥；萌芽时多施氮肥；生长旺盛期，可施稀薄液态饼肥；花芽分化期至孕蕾期追施腐殖酸液态肥，并结合叶面追肥，使用0.2％磷酸二氢钾进行叶面喷雾；显蕾后减少氮肥，增施磷肥，宜用液态肥；花期不施，花后补充磷肥。施肥后第2天，要浇"回头水"，防止肥害。

5.3 整形修剪

盆花分为草本花卉和木本花卉，两类盆花的整形修剪方法是不同的。

◆ 草本盆花的整形形式

单干式、多干式、丛生式、垂悬式、支架式、图腾柱式。修剪方式主要为摘心、抹芽、修枝、疏蕾、摘花、剪残花、摘叶等。

◆ 木本盆花的整形形式

除垂挂式、支架式、图腾柱式以外，还包括合栽式、三柱分层式、宝塔式、单本多层式、编辫式、造型式、盘弯式和卷叶式。主要通过摘心、抹芽、修枝、摘叶、疏果、剪残花等方式进行修剪。

5.4 病虫害防治

常见的病害有细菌性软腐病、白粉病和根腐病。细菌性软腐病可用72%农用链霉素4 000倍稀释液喷雾防治，每隔7～10天防治1次；白粉病可用50%多菌灵可湿性粉剂1 000倍稀释液喷雾防治，每隔7～10天防治1次；根腐病可用70%甲基托布津4 000倍稀释液灌根防治，每隔7～10天防治1次。

虫害主要是蚜虫，可用黄色粘虫板诱杀，发生盛期，可用25%吡虫啉1 000倍稀释液或用50%抗蚜威可湿性粉剂2 000倍稀释液喷雾防治，注意农药要交替使用。

二、绿化大苗培育技术

（一）移植时间

移植时间最好选在树木休眠期后和树液萌动前，2月下旬至3月初为最佳时期，落叶树种的移植时间以落叶后到发芽前这段时间最为适宜。

1. 春季移植

移植时间根据树种发芽的早晚安排：发芽早者先移，晚者后移；落叶者先移，常绿者后移；木本先移，宿根草本后移；大苗先移，小苗后移。

2. 夏季移植

常绿或落叶树种苗木可以在雨季初进行移植。移植时要起大土球并包装好，保护好根系。苗木地上部分可进行适当修剪，移植后要喷水雾保持树冠湿润，还要遮阴防晒，经过一段时间的过渡，苗木即可成活。

大树移植（一）

大树移植（二）

移植后遮阴管理

3. 秋季移植

秋季南方一般还有一个生长期，秋季移植要在苗木地上部分停止生长，落叶树种苗木叶柄形成离层脱落时即可开始移植。因这时根系尚未停止生长，移植后有利于根系伤口恢复，移植后成活率高。

4. 冬季移植

由于广西冬季冰冻时间短，苗木已进入休眠期，因此，相对而言冬季是移植的最好时期。落叶树自落叶后至翌年开叶前移植；针叶树宜稍早于落叶树移植；常绿树须在梅雨季节初期移植。

（二）移植容器

移植容器可分为两类：不需回收的容器、需回收的容器。

1. 不需回收的容器

一般有蜂窝状纸容器、泥容器（营养砖、营养杯、泥炭容器、泥浆稻草杯）、无纺布容器等。

2. 需回收的容器

一般有塑料容器如塑料薄膜袋、硬塑料杯等，这类容器与苗木一起栽植入土后不能被分解，需栽前回收。

（三）移植方法

1. 穴植法

适用于大苗移植。选定适宜大苗生长的土壤环境后，按照苗木大小、行株距等进行拉线定点，确定挖穴位置后再进行挖穴，穴的直径和深度应大于苗木的根系。栽植深度比原来栽植地径痕迹深2～5厘米，苗木栽好后，穴土要踩实，并在根部浇足定根水，较大苗木要设立3～5根支架固定，以防苗木被风吹倒。

大树移植

2. 沟植法

适用于移植小苗。结合苗木行株距进行挖沟，土放在沟两侧，以便于填土和苗木定点，将苗木按照一定株距依次固定到沟中，然后进行填土，注意使土壤覆盖到苗木根系部位，并踏实填入的土，然后按照顺时针的方向浇足定根水。

3. 孔植法

先按行株距划线、点，然后在点上用打孔器打孔，深度与穴植相同，或稍深，把苗木放入孔中，覆土，浇足定根水。该法要有专用的打孔机。

（四）移植后管理

1. 浇水

浇水的原则是"不干不浇，浇则浇透"。在盛夏时要多对地面与树冠进行喷水，干旱季节要及时灌溉，雨季要注意及时排除积水。

2. 施肥

施肥可结合耕作进行，移植前要施足以有机肥为主的基肥，施肥量为10～12千克/平方米。生长季节施肥以追肥为主，年施肥量以0.06～0.12千克/平方米为宜。在大树刚萌芽及新梢长10厘米左右、秋季长梢时各施追肥1次，以氮肥为主，可结合浇水薄施，每株每次施肥100～150克，配成水溶液浇灌，或以1%～2%的尿素或磷酸二氢钾进行根外追肥，促进新梢生长。在秋梢停止生长后，施以磷、钾为主的追肥1次，促进新梢木质化。

3. 中耕除草

中耕是将土地翻10～20厘米深，结合除草进行。松土除草时，树根附近松得浅些，树根外围可深些；树小浅些，树大深些；沙土浅些，黏土深些；夏秋季浅些，冬季深些。在生长季节，15天左右应松土除草1次。除草在夏季生长较旺盛的时候进行。一般第一年除草5～6次，第二年4次，第三年3次，第四年起每年1～2次。

4. 病虫害防治

病虫害防治以预防为主，综合防治，"治早、治小、治了"为原则。病害主要有炭疽病、叶枯病、黑斑病等，虫害主要有蚜虫、蜗牛及一些钻蛀性害虫如天牛等。侵染性病害应在发病前喷施波尔多液进行预防，发病后喷施敌克松、代森锌等杀菌剂进行治疗。食叶害虫可喷施敌百虫、施乐果等杀虫剂；食根害虫可用毒饵诱杀，或用呋喃丹颗粒剂施入土层中进行防治。

常见花卉培育关键技术

一、乔木类

（一）扁桃

扁桃以播种繁殖为主，结实大小年现象明显，且间隔期长，多达数年，丰年应多采种。果实成熟期为6～7月。宜随采随播，可播于沙床或直接点播于营养杯。苗期可粗放管理，但幼苗期应防霜冻及防治蛀梢和蛀干害虫。预防霜冻，可于12月中旬至翌年1月，每隔15天喷施1次防冻剂，也可采用晚上覆盖塑料薄膜、早上揭除的方法进行防霜处理；防治蛀梢害虫，可用10%吡虫啉或40%速扑杀喷杀；防治蛀干害虫，可用蘸有80%敌敌畏乳油10倍稀释液的棉球，塞入虫孔，或用注射器直接向虫孔注入药液约10毫升，然后用黄泥将所有的蛀孔口封住。扁桃属于深根树种，培育园林绿化大苗时，每2～3年移植1次，经多次培育后即可出圃。

扁桃

（二）火焰花

火焰花宜播种繁殖。果实成熟期为8～9月，应在荚果未开裂前采收。常温下种子发芽力和保存期短，袋藏3个月即丧失发芽力，宜随采随播。苗期管理粗放，但幼苗期应注意防寒防霜冻，可于12月中旬至翌年1月，每隔15天喷施1次防冻剂。火焰花主根发达，须根较少，大苗移栽要带土球，修剪大部分枝叶，浇足定根水，才能保证较高的成活率。火焰花的抗性强，病虫害较少。

火焰花

（三）黄花风铃木

　　黄花风铃木可用播种、扦插或高压法繁殖，但以播种繁殖为主。果实成熟期为4~5月，应于荚果未开裂前采收。种子发芽力和保存期短，常温下45天即丧失活力，宜随采随播。播种前，可用40℃的温水浸泡种子4~5小时，再播于沙床。待长出真叶后，可移植至营养杯，移植前期应搭盖荫网遮阴，20天后即可全光照。黄花风铃木幼苗期的主干极为柔软，且易弯曲，用传统的撑杆扶杆或修剪弯曲枝条不能满足大苗的定向培育。目前，主要采用密植法，种植密度可用0.8米×1.0米或1.0米×1.0米，当苗木胸径达5厘米时可合理疏苗，间伐弱势苗，使苗木密度变为1.0米×2.0米或2.0米×2.0米，给苗木提供充足的生长空间。黄花风铃木病虫害较少，长势弱的易受钻心虫为害，虫害发生时可喷施2.5%溴氰菊酯或1.8%爱福丁乳油1 000倍稀释液。

黄花风铃木

（四）仪花

仪花宜播种繁殖。果实5~9月成熟，荚果易开裂，应及时采收。采集的种子常温下可短期贮藏，若短期内无播种计划，可用湿沙贮藏。种皮透水性差，播种前需做处理，可用沸水浸泡，待水自然冷却后再继续浸泡24小时，或用浓硫酸搅拌15分钟，冲洗干净后即可播种，经过处理的种子发芽既快又整齐。苗期管理应加强对分枝的修剪，以保证树干挺直。仪花无明显病虫为害，但鼠害较为严重，老鼠喜食其苗根，严重影响仪花正常生长，可在植株周围撒施灭鼠灵防治。

仪花

（五）鸡冠刺桐

鸡冠刺桐可采用播种和扦插繁殖，以播种繁殖为主。果实成熟期为6～8月，当荚果呈棕褐色时，即可采收。为提高播种出苗率，宜随采随播。种皮厚实，播种前用70℃的热水浸泡4小时，可提高发芽率。种子发芽后，易感真菌性病害，应于发病初期喷施80%多菌灵800～1 000倍稀释液。鸡冠刺桐生长速度快，苗期应多施肥，以钾、镁、磷肥为主。幼树主干柔软，且萌枝多，作乔木培育时，应用竹竿支撑，并及时修剪新萌枝条，以保证干形优美。

鸡冠刺桐

二、灌木类

（一）黄金香柳

黄金香柳可采用扦插或高压法繁殖，因扦插繁殖系数大，故生产上多用扦插繁殖。以当年生、半木质化、生长健壮的枝条为插穗，扦插后注意控制水分，过湿插穗易腐烂。扦插生根苗在移植过程中，尽量保持根系的完整，避免损伤幼嫩根。为提高移植成活率，扦插苗可用黄泥浆根。移植后15天，待新根长出，即可追肥。苗期易受螟虫和蚜虫为害，应在虫害发生初期用药物防治，可用2.5%功夫乳油3 000倍稀释液和Bt800倍稀释液的混合药物喷施茎叶，或10%吡虫啉1 000倍稀释液喷施嫩梢。

黄金香柳

（二）鸳鸯茉莉

鸳鸯茉莉可用播种、扦插、压条或分株繁殖，生产上以扦插繁殖为主。选用一年生、长势健壮的枝条为插穗，扦插前用100～200毫克/升的萘乙酸或ABT生根剂处理1小时，扦插生根率可达80％以上。鸳鸯茉莉喜湿、忌涝、喜肥，应薄肥勤施，以促使其多开花。每次花谢后应及时剪去残花，秋末可重剪，剪去老枝、枯枝、干枝、病弱枝，可减少养分消耗，利于来年新枝萌发，也可使株形紧凑、美观。高温高湿和通风不良条件下，鸳鸯茉莉易诱发病虫害，主要有叶斑病、白粉病、蚜虫、介壳虫和红蜘蛛等，可用65％代森锌、75％百菌清或50％多菌灵800～1 000倍稀释液防治病害，用蓟蚜净1 000倍稀释液防治虫害。

鸳鸯茉莉

（三）桂花

桂花繁殖方式多样，可用播种、扦插、嫁接、压条等方式繁殖，生产上多采用扦插繁殖。扦插多在夏秋季进行，以当年生、半木质化的春梢为插穗，扦插前用100毫克/升的萘乙酸浸泡2小时，可明显促进生根，生根率达80％以上。扦插成活后即可上盆或地栽进行管理，基质宜用微酸性土壤，忌碱性土或黏土。桂花的修枝整形应视培育目的而进行，若要培育乔木类，应勤修剪主干以下的侧枝；若要培育灌木类，则应在苗高1～1.2米时截顶，以促使其侧枝多萌发。桂花发生病虫害的种类较多，常见的有褐斑病、炭疽病、煤污病、朱砂叶螨、介壳虫、叶蜂等，可用50％苯莱特、10％苯醚甲环唑或50％退菌特等广谱性杀菌剂防治病害，用1.8％阿维菌素、40.7％乐斯本或10％氯氰菊酯防治虫害。

桂花

（四）含笑

含笑可用播种、扦插或嫁接繁殖，因实生苗生长速度慢、周期长、嫁接繁殖系数低等原因，生产上广泛应用扦插繁殖。含笑属于扦插生根难的树种，取当年生、半木质化的枝条作插穗，扦插前用100毫克/升的吲哚丁酸或ABT生根粉浸泡穗条2小时，可明显缩短扦插生根时间，且扦插成活率可达85％左右。生根后可移入营养袋培育，待其长至50厘米高时转为地栽。幼苗期抗寒力差，可于冬季寒潮前喷施防冻剂抗寒防冻。含笑为肉质根，雨季应加强排涝，否则易引起根腐。含笑易感煤污病、介壳虫、蛾类等病虫害，可用10％吡虫啉1 000倍稀释液或90％敌百虫800倍稀释液防治。

含笑

（五）红果仔

红果仔可用播种、扦插、压条或分株繁殖，常用播种繁殖。宜在春、秋两季进行播种，可撒播于育苗床或点播于营养杯，待翌年春季再移栽。红果仔喜肥，但忌浓肥，应薄肥勤施，幼苗期和抽梢期以氮肥为主，其他时期则以磷、钾肥为主。8～9月是花芽分化期，此时应适当控水，增施磷、钾肥，以促使花芽分化。红果仔病虫害发生较少，偶有少量食叶害虫，用10％吡虫啉喷施叶面即可防治。

红果仔

三、藤本类

（一）炮仗花

炮仗花常用扦插和压条繁殖。扦插于3月中下旬进行，选择一年生的粗壮枝条为插穗，插穗用ABT生根剂速蘸，插后1个月左右生根，后期经定植培育，一年可出圃，翌年开花。压条从春季到秋季均可进行，以夏季为最佳，20~30天可生根，2个月后可剪离母体独立成株，当年可开花。炮仗花生长快、花期长、花量大，生长季应多施肥，以复合肥为主，半个月施1次；秋季进入花芽分化期，宜减少浇水量，并多施磷、钾肥。炮仗花生长期间常见的病虫害有炭疽病、黑斑病、红蜘蛛、蚜虫、蛾类等，病虫害发生时，可用50%苯莱特、10%苯醚甲环唑防治病害，用10%氯氰菊酯或氧化乐果乳油防治虫害。

炮仗花

（二）凌霄

凌霄可用播种、扦插、压条及分株繁殖，常用扦插繁殖。播种宜春季进行，播种前用水浸泡种子24小时，以保证发芽既快又整齐。扦插多在3～4月进行，取一年生的健壮枝条为插穗，采用1 000毫克/升的ABT生根剂速蘸后即插，约20天后生根。凌霄喜肥，花芽分化前应追施磷、钾肥，以保证花大、色艳、量多，秋末停止施肥。常见病虫害有叶斑病、白粉病、蚜虫和蓑蛾等，可用75％代森锰锌500倍稀释液防治叶斑病，用15％粉锈宁800倍稀释液防治白粉病，用0.36％苦参碱水剂1 500倍稀释液喷杀蚜虫，用20％除虫脲悬浮剂7 000倍稀释液防治蓑蛾。

凌霄

（三）油麻藤

油麻藤可用播种或扦插繁殖。播种于2月底或3月初进行，因种皮坚硬、致密，致使种子萌发困难，因此，播种前常用浓硫酸浸种3小时，或机械破皮，或用60～80℃的热水浸泡后自然冷却24小时等方法促进其发芽。扦插以当年生、半木质化的枝条为插穗，采用ABT6号生根剂100毫克/升浸泡1小时，可获得较高的生根率（达90％以上）。油麻藤少有病虫害发生，主要有蛾类害虫啃食叶片进行为害，可用10％吡虫啉1 000倍稀释液或90％敌百虫800倍稀释液防治。

油麻藤

（四）亮叶崖豆藤

　　亮叶崖豆藤可用播种、扦插或压条繁殖。播种多在春秋季进行，由于种子坚硬，播种前应用清水浸泡1小时后再播种。扦插可在春秋季进行，但以春季扦插成活率较高，选择一年生或二年生的健壮枝条为插穗，以50％黄泥与50％河沙的混合物作为扦插基质，扦插前插穗用0.5毫克/升的萘乙酸浸泡30分钟，可显著提高生根率。

亮叶崖豆藤

（五）蒜香藤

蒜香藤可用扦插或压条繁殖，生产上多用扦插繁殖。扦插于3～7月进行，选用一年生或二年生的木质化枝条作插穗，采用300毫克/升的ABT6号生根剂或200毫克/升的吲哚丁酸速蘸后扦插，生根率达90％以上。扦插1个月后即可上盆培育，生长期每月施氮磷钾复合肥1次，再配施花生麸或豆饼等有机肥，可使其花繁色艳。此外，应加强整形修剪，以促使其多萌发分枝。蒜香藤抗性强，其花、叶均能自然散发浓烈的蒜香味，因此极少病虫害发生。

蒜香藤

参考文献

[1] 张雷.陈章良副主席强调做强做大兰科植物产业[J].广西林业,2012(6):4-5.

[2] 孙志平,向志强.广西:交通优先"提速"战略支点建设[N].新华每日电讯,2014-01-03(5).

[3] 秦桂群.浅谈广西花卉业发展战略及对策[J].城市建设理论研究(电子版),2011(21).

[4] 吴少华.园林苗圃学[M].上海:上海交通大学出版社,2004.

[5] 张东林,柏玉平.初级苗圃工[M].重庆:重庆出版社,2007.

[6] 沈熙环.林木育种学[M].北京:中国林业出版社,1994.

[7] 孙时轩.造林学:第2版[M].北京:中国林业出版社,1992.

[8] 梁盛业.广西树木志:第一、二、三卷[M].北京:中国林业出版社,2012.

[9] 王宏志,丘小军.中国南方生态园林树种[M].广西:广西科学技术出版社,2006.

[10] 朱积余,廖培来.广西名优经济树种[M].北京:中国林业出版社,2006.

[11] 黄开勇,黄应钦,黄大勇.木本植物营养繁殖实用技术[M].广西:广西科学技术出版社,2012.

[12] 龙定建,廖美兰,覃杰,等.DB45/T 624-2009.扁桃绿化苗木培育技术规程[S].广西:广西壮族自治区质量技术监督局.

[13] 温小莹,陈建新,吴泽鹏,等.中国无忧花在广州地区的生长及其育苗技术[J].广东林业科技,2005,21(4):58-60.

[14] 朱海波.中国无忧花育苗栽培技术[J].现代农业科技,2009(19):222-223.

[15] 李进华,林茂,孙开道,等.黄花风铃木园林用容器大苗培植关键技术[J].农业研究与应用,2016(2):75-77.

[16] 黄雪梅,杨彩群,陈之红,等.黄花风铃木种子活力快速丧失及多胚苗现象[J].广东农业科学,2012(12):75-77.

[17] 王艳,任吉君,赵春兰.黄花风铃木种子萌发的研究[J].种子,2011,30(5):98-99.

[18] 尚秀华,高丽琼,张沛健,等.3种风铃木扦插繁殖技术研究[J].桉树科技,2016,33(1):38-42.

[19] 林文胜.黄花风铃木的栽培技术研究及绿化应用[J].中国园艺文摘,2011(12):117-118.

[20] 郑建宏.仪花树种播种育苗技术[J].现代园艺,2017(6):42.

[21] 梁国凌.仪花繁育栽培试验初报[J].广东园林,2000(1):31-33.

[22] 林文胜,冯顺洪,官大巽.鸡冠刺桐的栽培技术研究与园林绿化应用[J].中国园艺文摘,2014(8):162-163.

[23] 王振师,许冲勇,曾雷,等.黄金风铃木、鸡冠刺桐和雄黄豆的引种与栽培[J].广东园林,2005,27(1):33-35.

[24]甘丽梅,叶志勇.观赏新树种——鸡冠刺桐的引种栽培[J].福建热作科技,2002,27(4):18-19.

[25]张斌.黄金香柳种苗的种植与管理方法[J].中国农业信息,2015,7(4):123-124.

[26]吴豪,徐晓帆.黄金香柳的栽培管理及应用[J].上海建设科技,2005(4):42-43.

[27]林志伟.黄金香柳的特征特性及栽培管理技术[J].现代园艺,2016(5):28-29.

[28]侯娥.鸳鸯茉莉的盆栽养护技术[J].河北林业科技,2009(1):65.

[29]康杰,周海旋.鸳鸯茉莉的管养技术[J].粤东林业科技,2006(1):34-35.

[30]李路文,石玉莲,申鹏.双色茉莉繁殖方法与栽培管理技术[J].现代农业科技,2013(9):174-174.

[31]何礼军,黎八保,杨园园,等.桂花扦插与实生繁殖技术研究[J].湖北农业科学,2013,52(6):1343-1345,1375.

[32]周玉宝.桂花的特征特性及育苗技术[J].现代农业科技,2017(21):147,153.

[33]吴志明.不同处理对桂花扦插繁殖的影响[J].贵州农业科学,2011,39(11):178-180.

[34]刘玉艳,于凤鸣,于娟.IBA对含笑扦插生根影响初探[J].河北农业大学学报,2003,26(2):25-29.

[35]陈瑞珍.盆栽番樱桃[J].现代种业,2004(2):38.

[36]李阳忠,陈少萍.红果仔栽培管理[J].中国花卉园艺,2015(4):40-41.

[37]兑宝峰.红果仔的盆栽管理[J].中国花卉园艺,2008(22):38-39.

[38]梁定栽,余志金.炮仗花长枝扦插繁殖技术的应用研究[J].热带林业,2007,35(4):36-37.

[39]李宾周,陈开伟.炮仗花栽培管理及其在西昌市园林绿化中的应用[J].四川林勘设计,2011(6):80-81.

[40]陈艺,陈少萍.炮仗花繁殖与栽培[J].热带林业,2011(16):30-31.

[41]杨慧,聂锋.凌霄的栽培管理及应用[J].河北林业,2009(1):43.

[42]邓运川.美国凌霄栽培技术[J].中国花卉园艺,2014(22):46-47.

[43]孙桂琴.凌霄栽培技术[J].中国花卉园艺,2013(18):46-47.

[44]孙宜,石青松,孙猛.新优凌霄品种的引种与繁殖研究[J].中国园艺文摘,2017(4):1-2.

[45]陈永霞,罗强.常春油麻藤自然繁殖特性及人工繁殖技术研究[J].南方农业,2015,9(28):30-31.

[46]田丽华,宁祖林,李冬梅,等.常春油麻藤种子萌发和扦插繁殖试验[J].安徽农业科学,2016,44(22):149-151.

[47]郭建斌.常春油麻藤扦插繁殖[N].中国花卉报,2003-09-09.

[48]何燚.常春油麻藤扦插繁殖试验初报[J].广西林业,2007(3):41-42.

[49]黄艳宁,曾维爱,彭福元,等.香花崖豆藤扦插繁殖技术研究[J].广东农业科学,2010(6):96-97.

[50]黄艳宁,曾维爱,彭尽晖,等.香花崖豆藤的引种繁育研究[J].湖南农业科学,2011(2):19-20.

[51]廖美兰,杜铃,黄欣.蒜香藤的扦插育苗试验[J].林业实用技术,2014(2):52-53.

[52]周亮,黄建平,黄自云,等.蒜香藤的扦插技术探讨[J].中南林业调查规划,2012,31(4):62-63.

[53]陈清智,林德钦.蒜香藤的繁育与养护[J].农业科技通讯,2005(9):52.

[54]王敬颖,李红花.花卉苗木的整形与修剪技术[J].吉林蔬菜,2013(4):59-60.

[55]海泓.花卉容器栽培技术[J].现代农业科技,2016(21):126-127.

[56]吴辉英.绿化大苗培育技术[J].现代农业科技,2012(5):257.

[57]杨孝柳,唐启发.绿化大苗培育苗木移植技术[J].农技服务,2012,29(4):446-447.

[58]朱丽娟,邵峰,刘王锁,等.浅谈盆栽花卉的管理技术[J].防护林科技,2011(5):104-105.

[59]潘建芝,刘克洲,李艺.浅谈园林花灌木的整形修剪[J].安徽农学通报,2010,16(7):97,183.

[60]孙长运.浅谈园林树木的整形修剪[J].当代生态农业,2011(Z2):85-89.

[61]德央.试论园林树木整形修剪的时期与方法[J].西藏大学学报(自然科学版),2015,30(1):92-98.

[62]章银柯,包志毅.园林苗木容器栽培及容器类型演变[J].中国园林,2005(4):55-58.

[63]宋希强.热带花卉学[M].北京:中国林业出版社,2010.

[64]张志国,鞠志新.现代园林苗圃学[M].北京:化工工业出版社,2015.

[65]张雪平,贾双双.苗圃花卉栽培实用技术[M].北京师范大学出版集团,安徽大学出版社,2014.

[66]南京市园林局,南京市园林科研所.大树移植法[M].北京:中国建筑工业出版社,2010.

[67]李庆卫.园林树木整形修剪学[M].北京:中国林业出版社,2011.